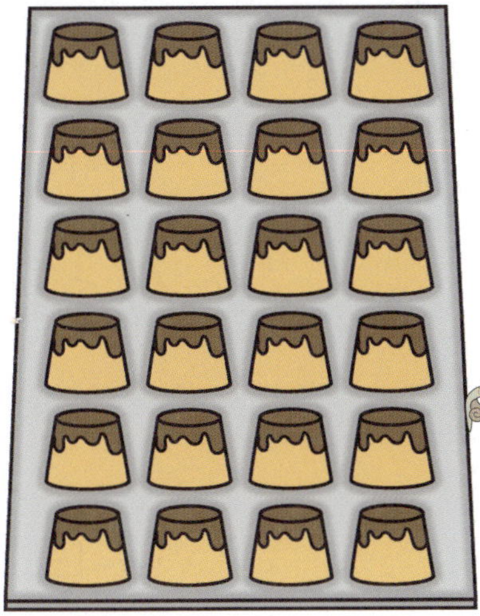

24 | 12

11 | 2

32 | 4

35 | 5

66 | 33

96 | 32

86 | 43

36 | 12

22 | 11

52 | 13

84 | 21

60 | 15

28 | 14

 : 6	6	12	18	24	30	36
	1	2				

98	22	74	34	62	51
27	25	46	23	77	44
32	11	68	32	72	31

		2	6	8	10	16	20
		1		4			
		4	12	20	24	36	44
		1		5			

93	42	43	21	24	13
37	12	99	41	81	33

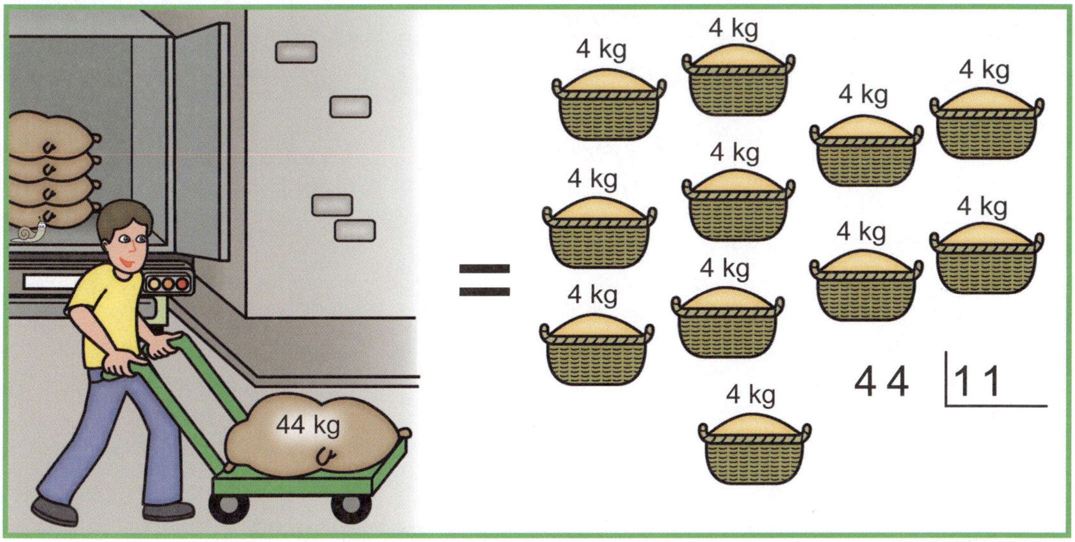

20 | 5	17 | 2	42 | 6
65 | 14	95 | 43	64 | 15
88 | 52	45 | 20	75 | 24
78 | 54	86 | 71	47 | 32

15 : 5 = ...	24 : 6 = ...	35 : 5 = ...
48 : 8 = ...	63 : 7 = ...	81 : 9 = ...

693 | 11

785 | 31

410 | 12

932 | 22

518 | 13

767 | 41

290 | 44

178 | 16

866 | 35

936 | 63

185 | 5

286 | 6

641 | 7

507 | 30

814 | 53

982 | 32

739 | 51

361 | 15

425 | 34

665 | 75

719 | 40

804 | 33

	7	14	21	28	35	42
: 7		2				

7896 | 31	2056 | 34	9843 | 65
2734 | 76	4381 | 27	7038 | 94
3412 | 14	5690 | 56	8091 | 64

9712 | 85	5000 | 22	3875 | 91
6572 | 96	7291 | 38	4702 | 41

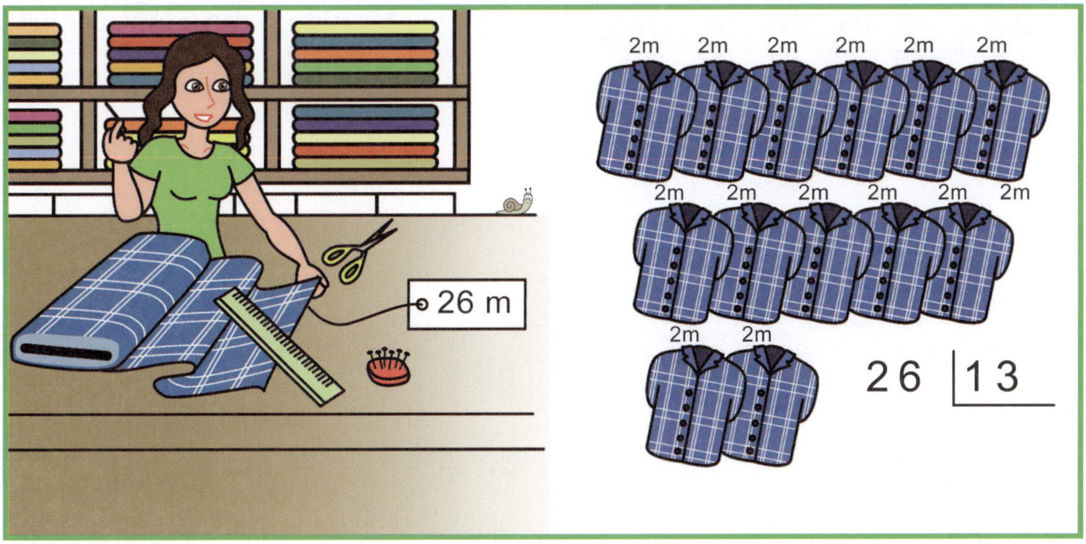

3810 | 5   6142 | 7   6612 | 9

4000 | 78   7415 | 82   8400 | 47

3450 | 16   5671 | 49   7218 | 60

1.000 : 10 = ...   2.000 : 10 = ...   5.000 : 10 = ...

3.000 : 100 = ...   4.000 : 100 = ...   6.000 : 100 = ...

3040 | 73

5860 | 48

9218 | 90

4514 | 42

3672 | 19

1985 | 39

Completa la sèrie.

7664 | 61

8418 | 81

7002 | 28

9235 | 83

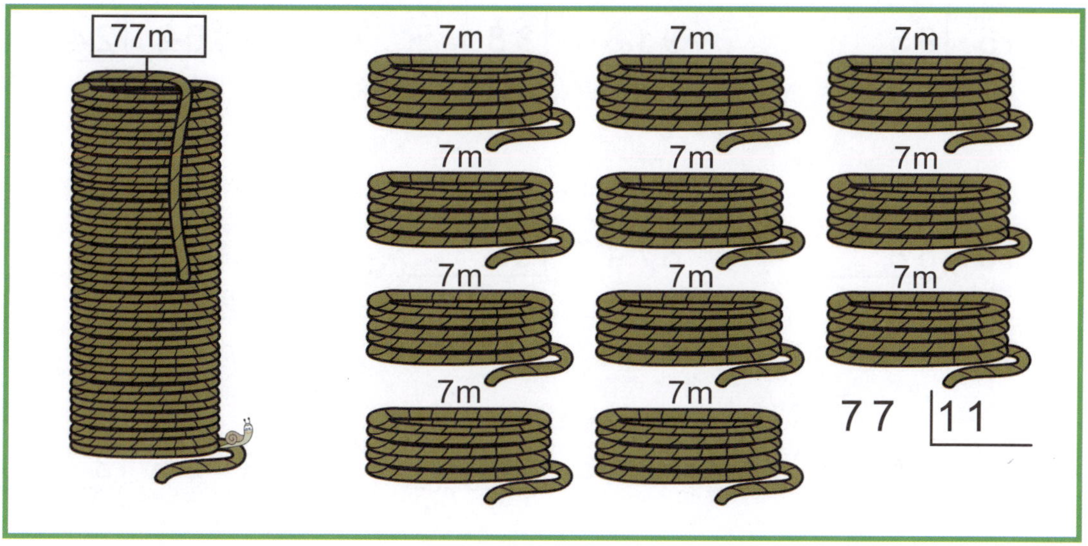

2643 | 4

7691 | 8

3162 | 6

7435 | 17

8294 | 57

9700 | 68

8000 | 74

6875 | 93

4328 | 26

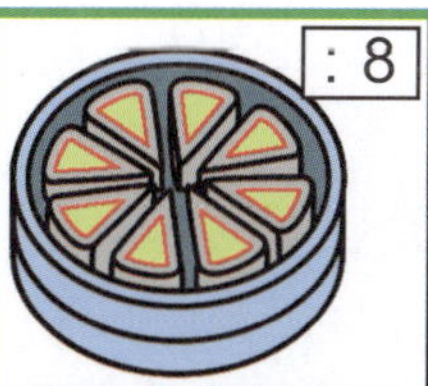

8	16	24	32	40	48
1					

7265 | 95

9186 | 38

3102 | 24

2905 | 88

8742 | 27

5135 | 34

4343 | 69

6116 | 18

8126 | 37

Col·loca al raig de l'aigua la cinquena part.

9334 | 92

2145 | 87

4813 | 12

9381 | 89

6558 | 45

7626 | 36

26842 | 5

19836 | 7

36345 | 9

68134 | 99

42136 | 79

77688 | 56

86927 | 49

42186 | 53

61983 | 32

7.000 : 100 = ...   8.000 : 100 = ...   9.000 : 100 = ...

12.000 : 1.000 = ...   15.000 : 1.000 = ...

42386 | 212

49026 | 413

65813 | 511

76726 | 315

95582 | 115

86681 | 716

47201 | 410

98692 | 720

88654 | 218

86921 | 316

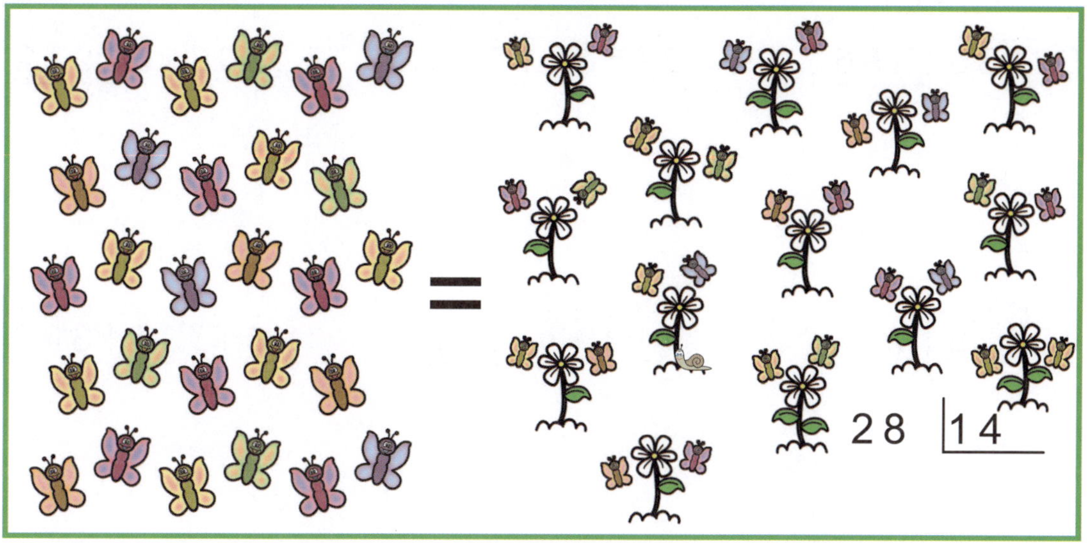

27936 | 3

48121 | 6

31213 | 8

70213 | 817

46131 | 506

31041 | 114

99886 | 483

88136 | 637

77183 | 241

 : 9	9	18	27	36	45	54
			3			

62135 | 156   97682 | 216   39815 | 912

42138 | 734   41293 | 672   81735 | 392

65432 | 408   78652 | 520   98692 | 358

98692 | 243   78963 | 475   85483 | 206

6827562 | 3152

8104567 | 5384

5683467 | 1356

2134567 | 4608

4.000 : 10 = ... 6.000 : 10 = ... 5.000 : 100 = ...

35.000 : 1.000 = ... 42.000 : 1.000 = ...

Autocontrol

Tapa els resultats amb una tira de paper i no els miris fins que no hagis acabat de fer les operacions.

A 48 | 16   B 46 | 23   C 65 | 13

A 782 | 34   B 936 | 52   C 720 | 45

A 39864 | 24   B 56842 | 37

A 986926 | 534   B 818692 | 653

A: 35 : 7 = ...   B: 28 : 4 = ...   C: 54 : 6 = ...

D: 15.000 : 100 = ...   E: 18.000 : 1.000 = ...

F: 25.000 : 1.000 = ...   G: 50.000 : 1.000 = ...

Resultats

A = 3
B = 2
C = 5

A = 23
B = 18
C = 16

A = 1661
B = 1536

A = 1848
B = 1253

A = 5
B = 7
C = 9
D = 150
E = 18
F = 25
G = 50